图解变电设备检修风险

国网湖北省电力有限公司检修公司　组编

中国电力出版社
CHINA ELECTRIC POWER PRESS

内 容 提 要

作业风险辨识是电网企业在各类作业项目中实施安全风险管理的基础，编者在多年现场安全风险分析经验的基础上，针对变电设备检修作业中常见的触电、高处坠落、误操作、物体打击、机械伤害的事故类型，归纳了一系列作业类型的风险点。

本书共分为 3 部分 9 章，公共部分包含检修人员上岗基本要求和机具使用作业现场安全风险辨识；一次设备部分包括变压器专业作业现场安全风险辨识，断路器、隔离开关和 GIS 设备作业现场安全风险辨识，直流系统作业现场安全风险辨识，电气试验专业作业现场安全风险辨识，以及变电站内一次导流线上作业安全风险辨识；二次设备部分包含继电保护工作安全风险辨识和自动化设备安全风险辨识。

本书适用于从事 110~1000kV 交流变电设备的各类检修人员作为参考。

图书在版编目（CIP）数据

图解变电设备检修风险 / 国网湖北省电力有限公司检修公司组编 .—北京：中国电力出版社，2019.8

ISBN 978-7-5198-3539-2

Ⅰ .①图… Ⅱ .①国… Ⅲ .①变电所－电气设备－检修－图解 Ⅳ .① TM63-64

中国版本图书馆 CIP 数据核字（2019）第 171681 号

出版发行：中国电力出版社
地　　址：北京市东城区北京站西街 19 号（邮政编码 100005）
网　　址：http://www.cepp.sgcc.com.cn
责任编辑：王　南（010-63412876）
责任校对：黄　蓓　郝军燕
装帧设计：赵丽媛
责任印制：石　雷

印　　刷：北京瑞禾彩色印刷有限公司
版　　次：2019 年 9 月第一版
印　　次：2019 年 9 月北京第一次印刷
开　　本：880 毫米 ×1230 毫米　20 开本
印　　张：10
字　　数：233 千字
印　　数：0001—2000 册
定　　价：60.00 元

编委会

主　　任　　鲍玉川

副 主 任　　李晓辉

编　　委　　邓　科　　　李文胜　　　谢　松　　　杨振东

　　　　　　山智涛　　　黄　海　　　江　源　　　赵海涛

　　　　　　陈启明　　　杨砚菲

编 写 组　　张建德　　　徐声龙　　　杜　军　　　李煜磊

　　　　　　韩　煦　　　邹　沉　　　余　皓　　　袁　军

　　　　　　李建平　　　侯晓松　　　何正文　　　张　璟

　　　　　　王　琛　　　王　芹　　　胡　毅　　　李旭东

　　　　　　洪　悦　　　蔡　昂　　　李夏蔚　　　徐　侃

　　　　　　黄　山　　　陆　潇　　　林　瑨　　　刘颖彤

　　　　　　杨启帆　　　蒋　威　　　赵泽予　　　李　霄

　　　　　　李　璐　　　王　骞　　　李　挺　　　刘　俊

一前言

　　风险管理是以工程、系统、企业为对象，分别实施危险源辨识、风险分析、风险评估、风险控制，从而达到控制风险、预防事故、保障安全的目的。作业风险辨识是电网企业在各类作业项目中实施安全风险管理的基础。

　　编者在多年现场安全风险分析经验的基础上，针对变电设备检修作业中常见的触电、高处坠落、误操作、物体打击、机械伤害的事故类型，归纳了82类作业类型共427个作业危险点，用于辨识和防范现场作业过程中可能存在的安全风险。本书采用图画形式将安全风险点与图画一一对应，通过艺术化、趣味化、直观化的途径，旨在为广大变电设备检修工作人员的现场工作和技能培训提供更加充足、生动的案例指导。

　　本书共分为3部分9章，公共部分包含检修人员上岗基本要求和机具使用作业现场安全风险辨识；一次设备部分包括变压器专业作业现场安全风险辨识，断路器、隔离开关和GIS设备作业现场安全风险辨识，直流系统作业现场安全风险辨识，电气试验专业作业现场安全风险辨识，以及变电站内一次导流线上作业安全风险辨识；二次设备部分包含继电保护工作安全风险辨识和自动化设备安全风险辨识。

　　本书本着务实的风格，素材主要取自交流变电站生产现场，真实再现安全生产场景，重点遵循并努力使其具有全面性、写实性、准确性、生动性等特点。由于图画本身难以涵盖所有实际场景，取材时尽量选取了最典型的案例作为样板，力求借助图像化语言传达最直观准确的含义。此外，图画在不违背现场基本要求的情况下，对人物造型和情节作适当的夸张，并采用拟人等手法，增强图画的生动性。

　　本书由国网湖北省电力有限公司检修公司编写，适用于110~1000kV交流变电设备的各类检修。限于篇幅的要求，本书侧重于对工作现场安全风险的列举，危险点控制及防范措施并未详述。由于编者的水平和工作经验所限，书中难免存在疏漏、不妥之处，恳请广大读者提出宝贵意见。

编者

2019.8

目录

前 言

一 公共部分

二　一次设备部分

三　二次设备部分

检修人员
上岗基本要求

危险点 1

工作人员没有经过医师鉴定参加电气工作，容易造成人员高空坠落及触电风险。

危险点 2

工作负责人（或工作班组组长）在安排工作班组成员的工作前需要观察其精神状态有无异常，没有观察其状态的好坏就随意安排其从事电气设备检修工作，容易造成人身、设备、电网事故。

危险点 3

工作班组成员饮酒后进行作业，造成人身、设备、电网事故。

危险点 1

危险点 2

危险点 3

危险点 4

进入作业现场未正确佩戴安全帽，未穿全棉长袖工作服、绝缘鞋，容易造成人员触电、伤亡事故。

危险点 5

未通过安规考试的人员不得从事电气设备检修工作，容易造成人身、设备、电网事故。

危险点 6

电力工作需要工作班组成员互相关心工作安全环境，未互相监督安规的执行和安全措施的实施，容易造成人身、设备、电网事故的发生。

危险点 4

危险点 5

危险点 6

危险点 7

特种作业人员不进行特殊培训就上岗，造成人身、设备、电网事故。

危险点 7

危险点 8

危险点 8

工作负责人没有进行"三交待"（交待危险点、工作内容、安全措施），有造成人员伤亡或设备、电网事故的风险。

危险点 9

在经常有人工作的场所或施工车辆上未配备急救箱，或者未按要求存放急救用品，造成伤员伤情加重或死亡。

危险点 9

危险点 10

危险点 10

紧急救护法是每个工作人员必须掌握的技能，紧急救护法使用不当，造成伤员的伤情加重或死亡。

2

机具使用作业
现场安全风险辨识

2.1 工器具管理安全风险辨识

◆ 2.1.1 工器具检验

危险点 1

危险点 2

危险点 1

忽视对使用中的梯子进行功能性检查，致使其强度、绝缘性能、防滑措施欠缺，有造成人员高空坠落及触电的风险。

危险点 2

使用的吊绳、卸扣、葫芦、千斤绳及安全带，每年都应进行试验，没有试验的用具，在吊装过程中极易造成人员伤亡或设备损坏。

危险点 3

绝缘工具没有按时进行试验，使用过程中易发生漏电，危及人身安全。

危险点 3

◆ 2.1.2 工器具存放

危险点 1

电动工具的电线接触热体、放在潮湿的地面上
或被重物压迫，易造成电线破损，使用时漏电，
危及人员安全。

危险点 2

危险点 1

危险点 2

吊装使用的吊绳、葫芦放在潮湿的地面，容易
发霉，使用过程中易造成断裂，危及人员和设
备的安全。

◆ 2.1.3 工器具使用

危险点 1

危险点 1

在变电站作业现场工作时不能正确使用梯子（如超过梯子承重），易造成人员高空坠落及设备损坏。

危险点 2

电动工具检验不合格或外壳未接地，易造成人员触电伤亡。

危险点 3

安全带挂在不牢固的物件上，易造成人员高空坠落。

危险点 2

危险点 3

2.2 吊车与升降车作业安全风险辨识

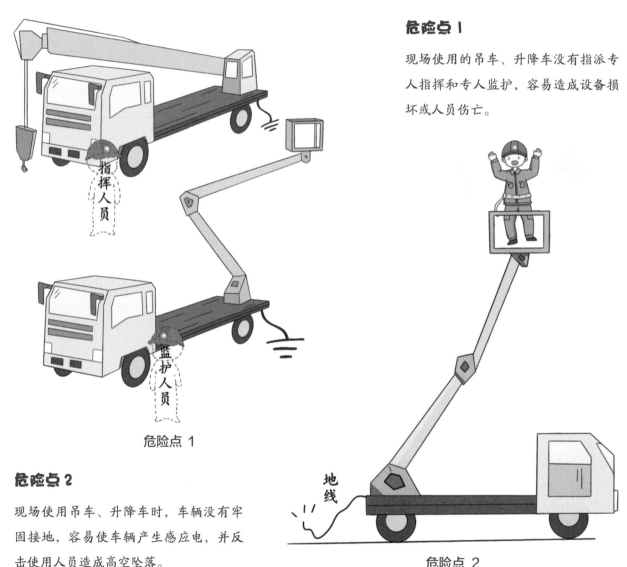

危险点 1

现场使用的吊车、升降车没有指派专人指挥和专人监护，容易造成设备损坏或人员伤亡。

指挥人员

监护人员

危险点 1

地线

危险点 2

危险点 2

现场使用吊车、升降车时，车辆没有牢固接地，容易使车辆产生感应电，并反击使用人员造成高空坠落。

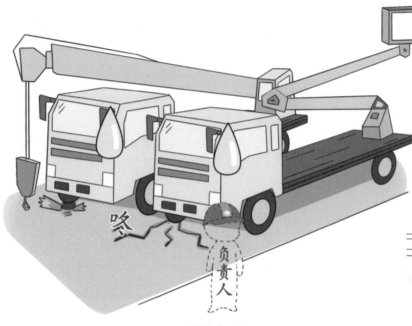

危险点 3

危险点 3

吊车、升降车在没有工作负责人或工作监护人的带领下进入变电站，容易压坏路基或造成人身、设备、电网事故。

危险点 4

在环境条件恶劣情况下进行吊装等高空作业工作，容易造成人身、设备、电网事故。

危险点 4

危险点 5

危险点 5

操作人员工作经验不足、思想麻痹、盲目起吊，极易发生安全事故。

危险点 6

对吊车、升降车不进行定期检查，在操作中极易发生安全事故。

危险点 7

施工中吊车容易出现倒杆、重物坠落、与带电设备距离不够等人身伤害和电网安全的事故发生。

危险点 6

危险点 7

2.3 车辆驾驶安全风险辨识

◆ 2.3.1 一般公路驾驶

危险点 1

危险点 2

危险点 1

开车接听手机易发生交通事故。

危险点 2

雨天行车、麻痹大意造成的交通事故。

危险点 3

疲劳驾驶易发生道路交通事故。

危险点 3

危险点 4

危险点 5

危险点 4

雾天行车、麻痹大意极易发生交通事故。

危险点 5

车辆没在正常灯光下行驶、闯红灯等易造成交通事故。

危险点 6

酒后开车易造成车毁、人亡的交通事故。

危险点 6

◆ 2.3.2 高速公路驾驶

危险点

危险点

在车辆检查及维修时，忽略轮胎的检查，行驶中易爆胎，从而造成车辆侧翻事故。

◆ 2.3.3 山区驾驶

危险点

危险点

山区道路多顺地势修筑而成、坡长而陡、弯道多而急、危险路段多、视线受阻、车速控制不好、车况不好极易发生交通事故。

◆ 2.3.4 冰雪天驾驶

危险点

危险点

在冰雪天驾驶，气温低，起动困难；路面滑，方向和制动容易失控，极易造成人员伤亡。

3

变压器专业作业
现场安全风险辨识

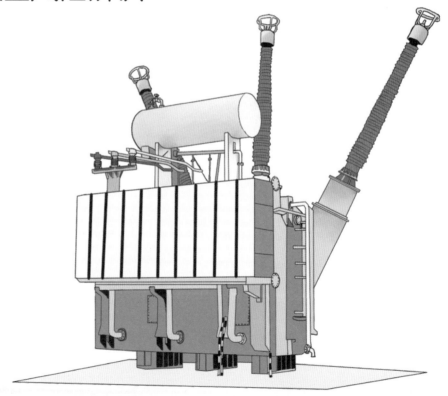

3.1　变压器与电抗器作业现场安全风险辨识

◆　3.1.1　变压器及电抗器小修

危险点 1

危险点 1

在变压器及电抗器上作业时未使用安全带，导致工作人员从作业面坠落。

危险点 2

在变压器及电抗器上作业时，发生感应电触电。

危险点 2

危险点 3

危险点 3

检修作业中使用梯子未可靠固定，导致工作人员发生坠落。

危险点 4

危险点 4

在检修作业时未使用工具袋，导致高空落物伤人。

◆ 3.1.2 变压器及电抗器大修

危险点 1

变压器（电抗器）油务作业现场防火措施不足导致失火。

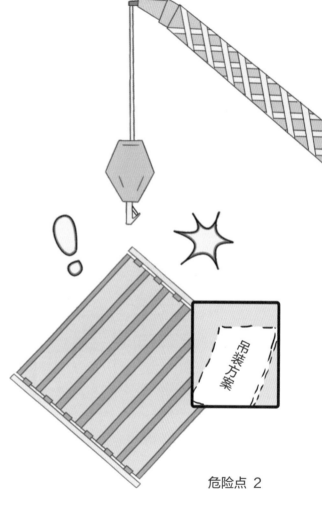

危险点 1

危险点 2

危险点 2

变压器（电抗器）吊装作业时未按吊装方案实施，导致人身设备伤害。

危险点 3

进入变压器（电抗器）本体工作遗漏物品，导致设备送电后放电。

危险点 3

危险点 4

拆除复装变压器（电抗器）时未按检修方案和标准化作业卡执行，导致设备损坏。

危险点 4

危险点 5

变压器（电抗器）真空注油及热油循环不当，导致设备受潮。

危险点 5

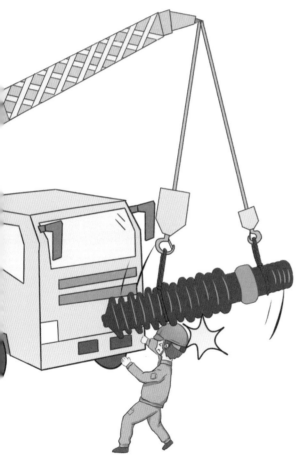

危险点 6

危险点 6

套管吊装过程中，由垂直向转为水平，可能发生意外伤人。

3.2 互感器与避雷器作业风险辨识

◆ 3.2.1 互感器与避雷器更换

危险点 1

起吊作业时，因未按吊装方案实施、操作不当导致人身设备伤害。

危险点 1

危险点 2

电流互感器吊装过程中，由垂直向转为水平，可能发生意外伤人。

危险点 2

危险点 3

电压互感器、避雷器在吊装对接时夹伤手指。

危险点 4

设备构架改造动火作业时，现场未设置相应消防措施易造成火灾。

危险点 5

电流互感器安装中高空坠物伤人。

危险点 3

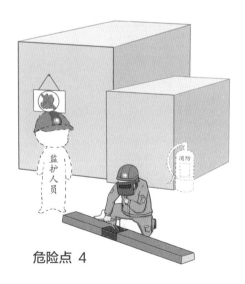

危险点 4

危险点 5

◆ 3.2.2 互感器与避雷器定期检验

危险点 1

在电流互感器检修中使用升降车时，碰撞一次设备发生事故。

危险点 2

攀爬绝缘子，绝缘子发生断裂导致高空坠落。

危险点 1

危险点 2

危险点 3

危险点 3

高空作业时，高空坠物伤人。

危险点 4

电流互感器试验过程中，无人监护导致工作人员靠近设备发生人身触电事故。

危险点 4

3.3 电容器作业风险辨识

◆ 3.3.1 电容器更换

危险点 1

危险点 1

电容器组退出运行时未对电容器单个充分放电，造成人员触电。

危险点 2

更换电容器时因绑扎不牢导致人身设备损伤。

危险点 3

上层电容器作业时易高空坠落危险。

危险点 2

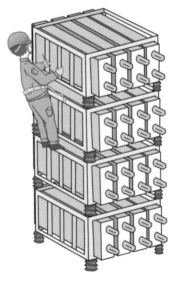

危险点 3

◆ 3.3.2 电容器定期检验

危险点

电容器试验过程中，工作人员靠近设备发生人身触电事故。

危险点

二次设备部分

4

断路器、隔离开关和 GIS 设备作业现场安全风险辨识

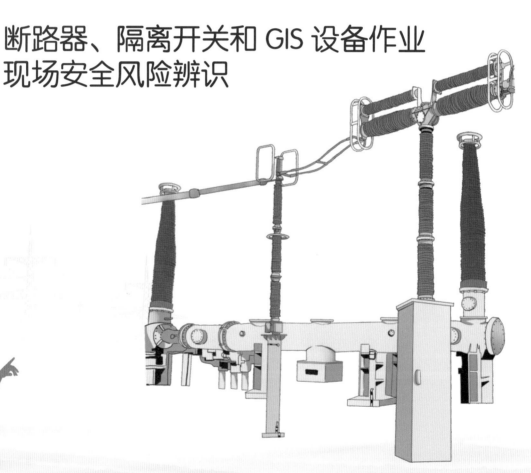

4.1 断路器作业风险辨识

◆ 4.1.1 断路器定期检验

危险点 1

危险点 2

危险点 3

危险点 1

液压（气压）机构断路器检修，在未释放机构压力时误动液压机构高压回路，导致伤人。

危险点 2

未断开断路器机构交流动力电源，在电机、油泵上或其周围工作时，液压机构突然打压，导致伤人。

危险点 3

在已储能的弹簧机构上工作，弹簧机构误脱扣释放能量伤人。

危险点 4

在进行断路器动作试验时，断路器上有人工作，导致机构动作伤人。

危险点 5

断路器特性试验时，断路器特性试验仪未接地，导致断路器特性试验仪损坏或人员触电。

危险点 4

危险点 5

◆　4.1.2 断路器机构检修

危险点 1

危险点 3

危险点 2

危险点 1

液压（气压）机构解体复装时，检修工艺不良导致密封圈或密封面损伤。

危险点 2

断路器机构组件拆除及复装时，未可靠支撑组件，导致组件跌落伤人。

危险点 3

未断开断路器机构交流动力电源，进行电机、油泵检修时，机构突然打压，导致伤人。

◆　4.1.3 断路器本体检修

危险点 1

断路器灭弧室三（五）联箱吊装过程中设备可能倾覆。

危险点 2

支柱吊装过程中由垂直向转为水平可能发生意外伤人。

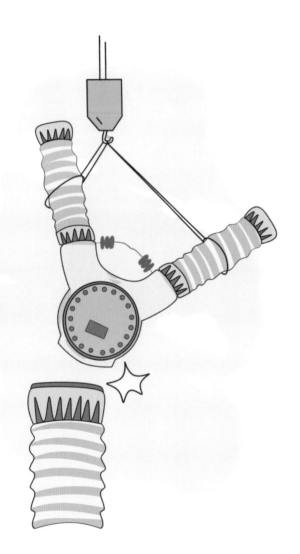

危险点 1

危险点 2

危险点 3

断路器吊装拆除及安装密封面时，由于吊点位置不准确导致密封面损伤。

危险点 4

吊装断路器或吊装灭弧室或支柱时，未设置缆风绳，发生舞动导致设备损坏或伤人。

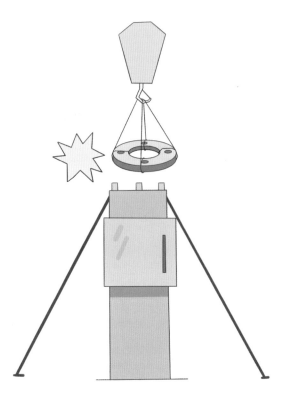

危险点 3

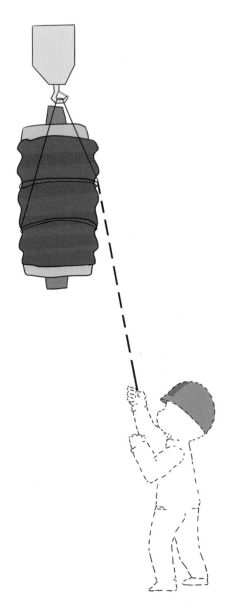

危险点 4

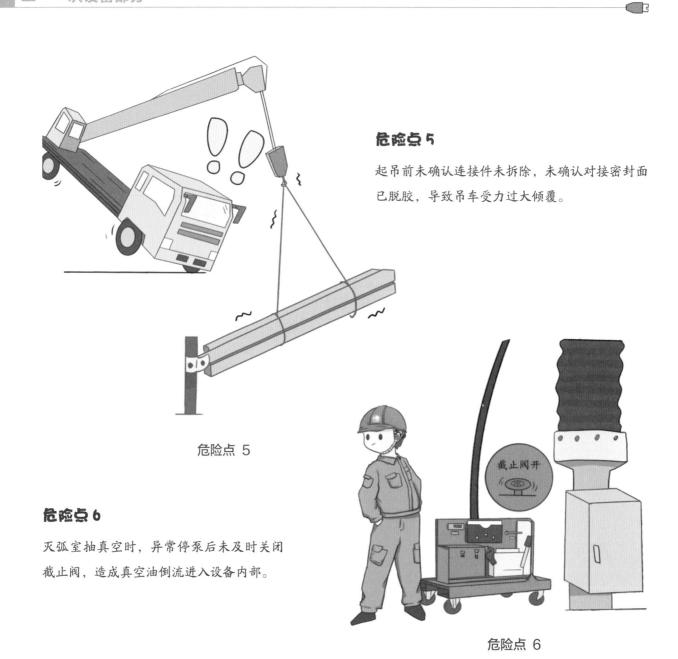

危险点 5

起吊前未确认连接件未拆除，未确认对接密封面已脱胶，导致吊车受力过大倾覆。

危险点 5

危险点 6

灭弧室抽真空时，异常停泵后未及时关闭截止阀，造成真空油倒流进入设备内部。

危险点 6

◆ 4.1.4 断路器二次回路检修

危险点 1

在断路器机构箱内低压电器元件或端子排及其周围工作时，误碰低压带电导体发生触电。

危险点 1

危险点 2

危险点 2

在运行断路器机构箱内工作，误碰分合闸线圈的铁芯，有导致断路器误动作的风险。

危险点 3

危险点 3

测量二次回路电压时，错误使用万用表挡位，导致放电伤人或发生直流接地故障。

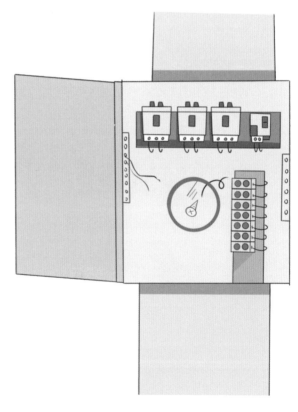

危险点 4

检修后未紧固二次回路端子导致断路器控制回路断线，引起开关拒动。

危险点 4

4.2　隔离开关作业风险辨识

◆　4.2.1　隔离开关定期检验

危险点 1

隔离开关检修过程中电机或手柄伤人。

危险点 1

危险点 2

危险点 2

隔离开关动作试验时，断路器上有人工作，隔离开关动作伤人。

危险点 3

接地刀闸合闸时操作隔离开关或隔离开关合闸时
操作接地刀闸，导致传动机构损伤。

危险点 4

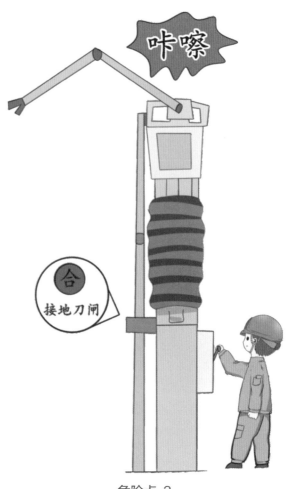

危险点 3

危险点 4

隔离开关检修时，由于接地刀闸拉开，设备未可
靠接地且未及时通知人员离开导致感应电伤人。

◆ 4.2.2 隔离开关本体检修

危险点 1

危险点 1

在未释放平衡弹簧能量且未用铁丝绑扎的状态下拆除前导电臂，导致后导电臂弹起伤人。

危险点 2

危险点 2

隔离开关本体检修时，现场拆卸的零部件和脱扣的机构容易伤人。

危险点 3

隔离开关本体解体复装后，由于组装工艺不良且未进行直流电阻测量导致隔离开关运行后发热。

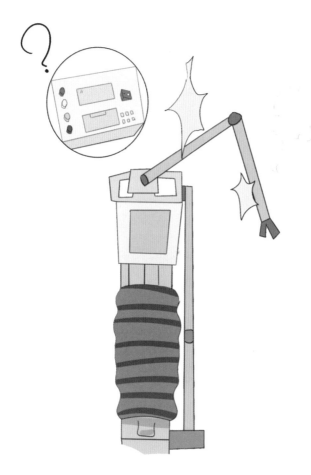

危险点 3

危险点 4

由于组装工艺不良，隔离开关在合闸时夹紧力不足或未进行夹紧力测试，导致隔离开关运行后发热或放电。

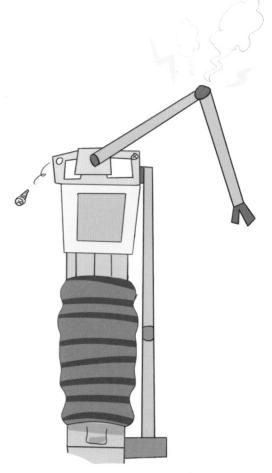

危险点 4

◆ 4.2.3 隔离开关整体更换

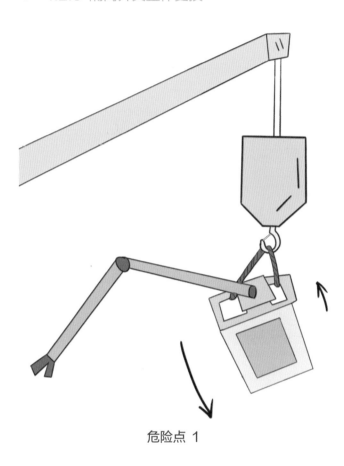

危险点 1

危险点 1

在吊装隔离开关底座、导电部分过程中，重心没找准，导致设备倾覆。

危险点 2

危险点 2

隔离开关吊装时未设置缆风绳，发生舞动导致设备损坏或伤人。

危险点 3

隔离开关一次部分调试时，未通知检修人员远离一次设备，导致检修人员人身受到损害。

危险点 4

隔离开关整体更换时，动用电焊、氧割未做好防护措施易发生火灾，氧气瓶和乙炔气瓶距离应在 5m 以上，同时与周边易燃物做好隔离。

危险点 3

危险点 4

◆ 4.2.4 隔离开关二次回路检修

危险点 1

在隔离开关机构箱内低压电器元件或端子排及其
周围作业时，误碰低压带电导体发生触电。

危险点 1

危险点 2

危险点 2

进行母线隔离开关二次回路上的作业时，误动
母差保护相关位置接点导致母差闭锁。

危险点 3

危险点 3

测量二次回路电压时，错误使用万用表挡位，导致放电伤人或发生直流接地故障。

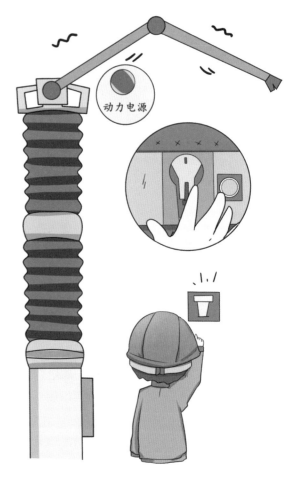

危险点 4

进行隔离开关二次回路上的作业时，未断开隔离开关动力电源，误碰分合闸接触器导致隔离开关带负荷分合闸。

危险点 4

4.3　GIS 设备作业现场安全风险辨识

◆ 4.3.1 GIS 设备定期检验

危险点 1

GIS 断路器特性试验时，断路器特性试验仪未接地，导致断路器特性仪损坏。

危险点 2

危险点 1

危险点 2

GIS 断路器动作特性试验时，需要断开断路器一侧接地刀闸接地连接片，连接测试线监视断路器一次回路通断。如果未将所有可能来电侧的接地刀闸推上，可能导致试验测试线带电，造成人员伤亡。

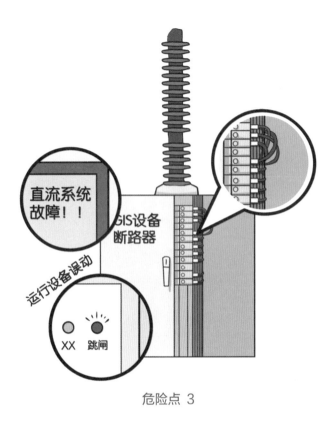

危险点 3

危险点 3

在进行 GIS 设备断路器线圈低电压动作试验和断路器特性试验时，需要在断路器控制回路中串接试验用临时直流电源，如果与保护用直流电源产生混接，会影响变电站直流系统，可能出现运行设备误动作等恶性事故。

危险点 4

由于 GIS 设备 LCP 柜内有多个设备的二次回路，在其中某一设备检修时，容易误碰其他带电设备。

危险点 4

◆ 4.3.2 GIS 设备解体大修

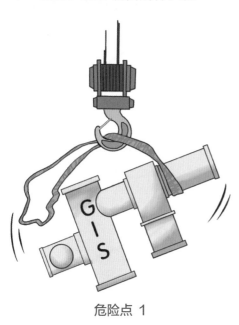

危险点 1

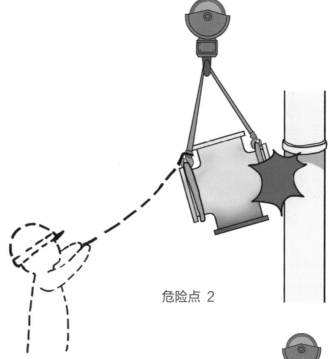

危险点 2

危险点 1

GIS 设备吊装时，由于设备重量大，设备形状不规则，易发生设备坠落事故。

危险点 2

GIS 罐体吊装时，未设置缆风绳，发生舞动导致设备损坏或伤人。

危险点 3

GIS 罐体吊装拆除及安装密封面时，由于吊车操作不当或吊点位置不准确导致密封面损伤。

危险点 3

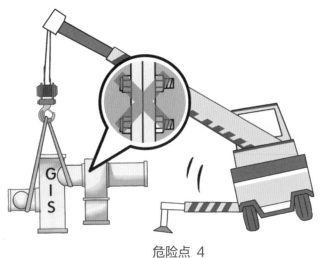

危险点 4

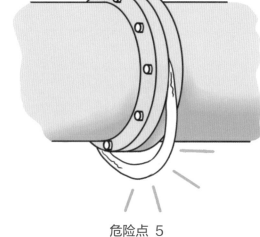

危险点 5

危险点 4

起吊前未确认连接件已拆除，未确认对接密封面已脱胶，导致吊车受力过大倾覆或吊装罐体突然弹起伤人。

危险点 5

GIS复装密封面对接时，由于安装工艺不良，导致密封圈脱出压伤。

危险点 6

紧固绝缘盆螺栓时，未使用力矩，未按照正确顺序进行紧固，导致绝缘盆损伤。

危险点 6

◆ 4.3.3 GIS 设备 SF$_6$ 气体处理

危险点 1

危险点 1

经过电弧分解的 SF$_6$ 气体含有剧毒物质，在 GIS 设备 SF$_6$ 气体回收工作中，如果未采取相应的气体回收措施，有害气体可能会排入大气，从而造成人体伤害和环境污染。

危险点 2

GIS 设备在投入运行后，特别是发生故障之后，气室内会沉积大量的有毒粉尘，如果未采取气体回收措施，直接将有害气体排入大气，会造成对人体的伤害和对环境的污染。

危险点 2

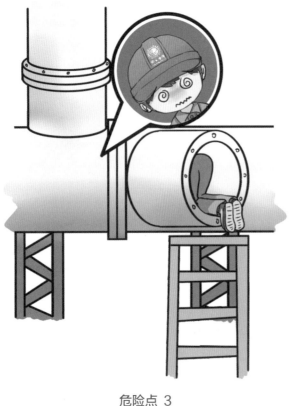

危险点 3

危险点 3

在 GIS 气室内部故障处理时，由于气室空间狭窄，通风不畅，进入气室内部工作前未测量含氧量，工作人员可能出现窒息。

危险点 4

回收 SF$_6$ 气体时，相邻气室气压差过大，导致绝缘盆损伤。

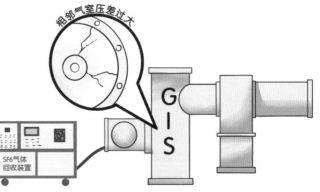

危险点 4

直流系统作业现场
安全风险辨识

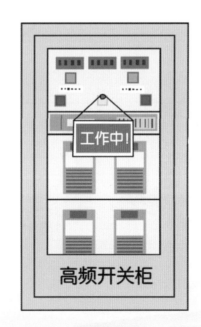

高频开关柜

危险点 1

直流屏、蓄电池构架未接地，有造成人身
伤害的风险。

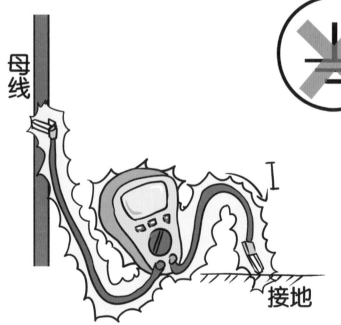

危险点 2

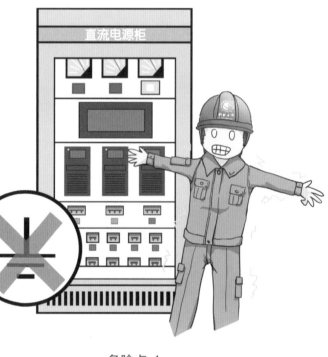

危险点 1

危险点 2

测量阀控铅酸蓄电池的表计内阻偏小，造
成直流母线单极接地。

危险点 3

危险点 3

在进行蓄电池作业中因误将正负极短接，造成蓄电池损坏及人身伤害。

危险点 4

蓄电池反极事故使整组电池报废。

危险点 4

5.2 高频开关电源作业

危险点 1

危险点 2

危险点 1

高频开关电源校验时接线错误，导致校验设备损坏。

危险点 2

带电屏柜进行高频开关电源校验，交流进线接入时
人身触电。

危险点 3

高频开关电源输出由于母线短路易发生灼伤事故。

危险点 3

危险点

危险点

维护人员误将主回路和旁路电源同时断开，导致 UPS 负载失压。

6

电气试验专业作业现场
安全风险辨识

6.1　高压试验作业现场安全风险辨识

◆ 6.1.1 油浸式变压器及电抗器试验

危险点 1

危险点 1

在变压器（电抗器）本体顶部进行试验接线时，未正确使用安全带，导致人身高空坠落。

危险点 2

危险点 2

变压器（电抗器）本体顶部进行试验接线时，试验用具从高空坠落砸伤工作人员或砸坏设备。

危险点 3

危险点 4

危险点 3

进行变压器（电抗器）试验时发生人员触电。

危险点 4

调挡进行绕组直流电阻试验时，调压装置的转动部件、传动部件将工作人员的手夹伤。

危险点 5

进行套管试验后末屏未恢复接地或接地不可靠，造成设备损坏。

危险点 5

◆　6.1.2　隔离开关试验

危险点 1

危险点 1

在隔离开关本体上进行试验接线时，未正确使用安全带，导致人身高空坠落。

危险点 2

在隔离开关本体上进行试验接线时，试验用具从高空坠落砸伤工作人员或砸坏设备。

危险点 2

危险点 3

危险点 3

进行隔离开关传动试验时未采取保护措施，发生人员触电。

带电间隔

危险点 4

危险点 4

绝缘（伸缩）杆误碰带电间隔导致带电设备接地或人身伤害。

◆ 6.1.3 断路器试验

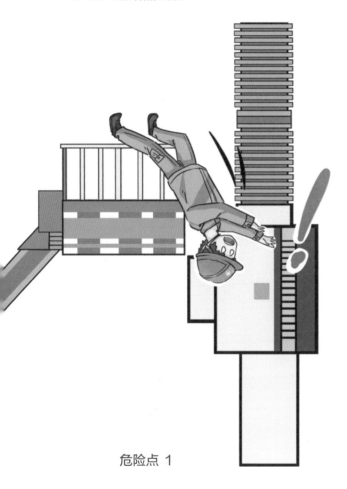

危险点 1

危险点 2

危险点 1

在断路器本体上进行试验接线时，未正确使用安全带，导致人身高空坠落。

危险点 2

在断路器本体上进行试验接线时，试验用具从高空坠落砸伤下方工作人员或砸坏下方设备。

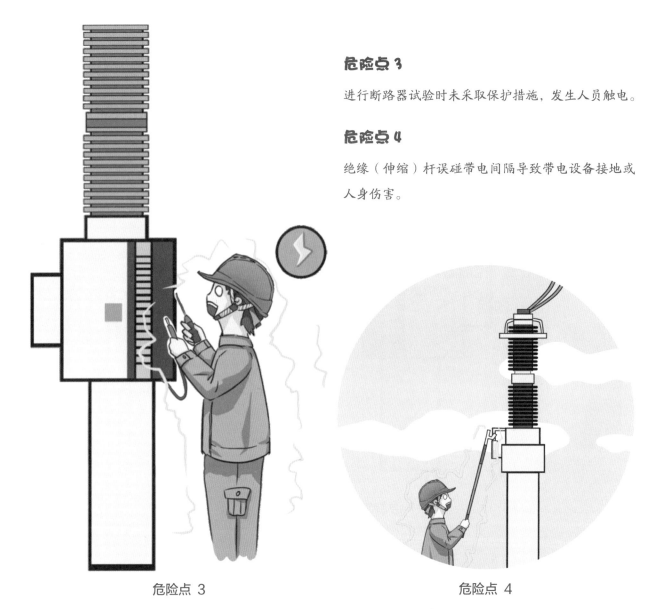

危险点 3

进行断路器试验时未采取保护措施，发生人员触电。

危险点 4

绝缘（伸缩）杆误碰带电间隔导致带电设备接地或人身伤害。

危险点 3

危险点 4

◆　6.1.4　电流互感器试验

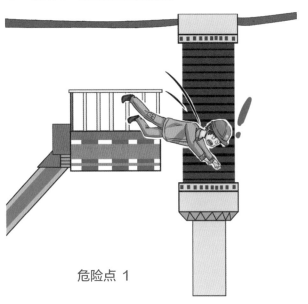

危险点 1

危险点 2

危险点 1

在电流互感器上进行试验接线时，未正确使用安全带，导致人身高空坠落。

危险点 2

在电流互感器上进行试验接线时，试验用具从高空坠落砸伤工作人员或砸坏设备。

危险点 3

进行电流互感器试验时，未与带电设备保持安全距离，有发生人员感应电触电的风险。

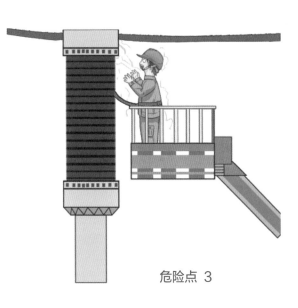

危险点 3

◆ 6.1.5 电压互感器试验

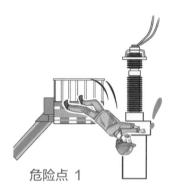

危险点 1

危险点 1

在电压互感器上进行试验接线时，未正确使用安全带，导致人身高空坠落。

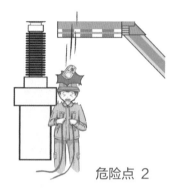

危险点 2

危险点 2

在电压互感器上进行试验接线时，试验用具从高空坠落砸伤工作人员或砸坏设备。

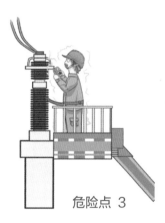

危险点 3

危险点 3

进行电压互感器试验时，与带电设备安全距离不够，发生人员触电事故。

短接二次绕组未恢复！

危险点 4

危险点 4

电压互感器短接二次绕组后未恢复，导致投运后设备烧毁。

◆ 6.1.6 避雷器试验

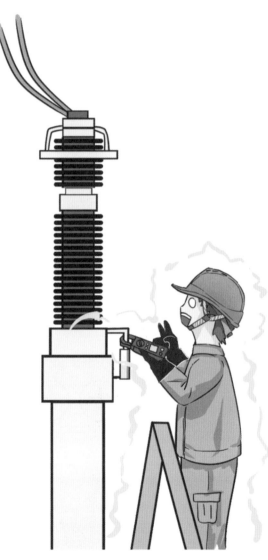

危险点 1

危险点 I

进行避雷器试验时，由于安全距离不够从而发生人员触电事故。

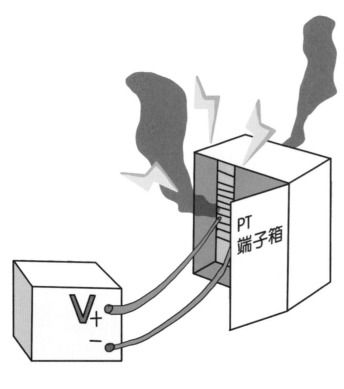

危险点 2

危险点 2

避雷器运行中阻性电流测试中，在电压互感器二次端子上取参考电压时造成电压互感器二次短路。

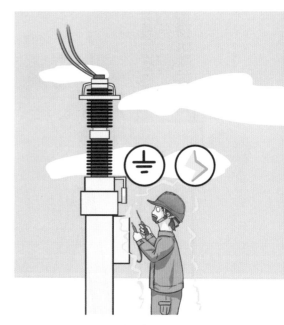

危险点 3

危险点 3

避雷器运行时，阻性电流测试中发生带电设备接地或人身伤害。

◆ 6.1.7 GIS 设备试验

危险点 1

进行 GIS 设备试验时，未与试验设备保持足够的安全距离，发生人员触电。

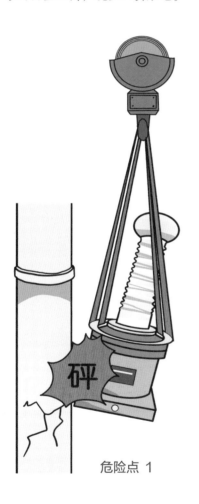

危险点 1

危险点 2

危险点 2

吊装设备仪器时，重心没找准易发生损坏事故或伤人事故。

◆　6.1.8　电力电缆试验

危险点

危险点

进行电缆试验时，电缆未充分放电或无专人值守，当设备上有人工作时易发生人员触电事故。

◆ 6.1.9 干式变压器试验

危险点 1

在柜内工作时被硬物击伤。

危险点 1

危险点 2

危险点 2

进行干式变压器试验时发生人员触电。

◆ 6.1.10 电容器试验

危险点 1

在电容器本体上进行试验接线时，发生人身高空坠落。

危险点 2

危险点 1

危险点 2

在电容器本体上进行试验接线时，试验用具从高空坠落砸伤工作人员或砸坏设备。

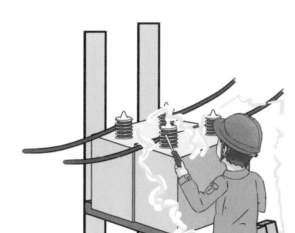

危险点 3

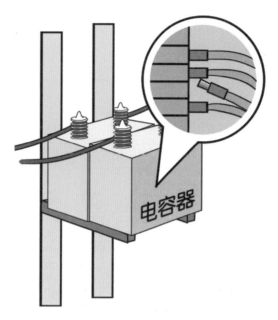

危险点 4

危险点 3

在进行电容器试验时发生人员触电。

危险点 4

漏拆、漏接电容器引线，从而造成设备异常或试验数据不准。

危险点 5

拆接电容器引线时造成绝缘子损伤。

危险点 5

◆ 6.1.11 干式电抗器试验

危险点 1

危险点 2

危险点 1

在干式电抗器本体上进行试验接线时，发生人身高空坠落。

危险点 2

在干式电抗器本体上进行试验接线时，试验用具从高空坠落砸伤工作人员或砸坏设备。

危险点 3

进行干式电抗器试验时发生人员触电。

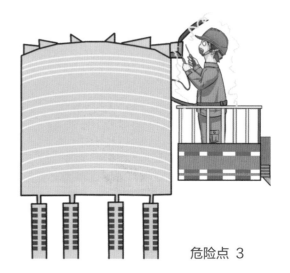

危险点 3

◆ 6.1.12 变电站接地网试验

危险点 1

危险点 2

危险点 1

进行接地导通试验时发生人员触电。

危险点 2

接地网接地阻抗测试布线过程中有发生人员跨步电压触电的风险。

危险点 3

接地网接地阻抗测试中加压时发生人员触电。

危险点 3

6.2 油气试验专业作业现场安全风险辨识

◆ 6.2.1 SF$_6$气体试验

危险点 1

危险点 2

危险点 1

现场进行SF$_6$气体分析时误碰带电间隔造成人员触电。

危险点 2

现场进行SF$_6$气体分析时，试验人员未戴防毒面具导致人员中毒。

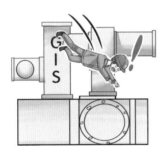

危险点 3

危险点 4

危险点 3

在GIS设备上进行高空作业时，未正确使用安全带，发生人身高空坠落。

危险点 4

在GIS设备上进行高空作业时，试验用具高空坠落砸伤工作人员或砸坏设备。

◆　6.2.2　充油设备取油样

危险点 1

危险点 1

充油设备取油样过程中碰撞硬物伤人。

危险点 2

充油设备取油样过程中取油点与带电设备太近有导致人员触电的风险。

危险点 2

危险点 3

危险点 3

电流互感器取油样时，发生人身高空坠落。

危险点 4

带电取油样时，工作人员与带电设备距离低于规定的安全距离造成触电。

运行设备

<安全距离

危险点 4

◆ 6.2.3 油化试验室内分析

危险点 1

危险点 2

危险点 I

在进行油耐压试验、油介质损耗试验时发生人员触电。

危险点 2

试验时不按操作规程执行，发生人员烫伤。

危险点 3

进行油微水分析、闪点测试时使用易挥发药品，造成人员中毒。

易挥发→

危险点 3

危险点 4

危险点 5

危险点 4

试验或清洗玻璃器具时将手割伤。

危险点 5

药品管理不到位或使用不当，导致药品名称混淆不清、误用伤人。

危险点 6

油化试验室内发生氢气泄漏。

危险点 6

6.3 仪表校验作业现场安全风险辨识

◆ 6.3.1 测控装置校验

危险点 1

危险点 I

二次设备上工作时，着装不规范，造成误碰。

危险点 2

使用不合格的工器具，造成人身触电。

危险点 3

收放临时电源线时发生人员触电。

危险点 2

危险点 3

危险点 4

危险点 4

试验接线方法不正确，造成人员触电。

危险点 5

进行测控装置虚负荷校验时，发生人员触电。

危险点 6

工作中误触相邻运行设备带电部位，造成人身触电。

危险点 5

危险点 6

危险点 7

危险点 8

危险点 7

不满足安全工作要求或危险点分析不准确，造成误碰。

危险点 8

实施二次安全措施的方法不合理，造成人身触电。

危险点 9

工作结束后不仔细清理工作现场，造成事故隐患。

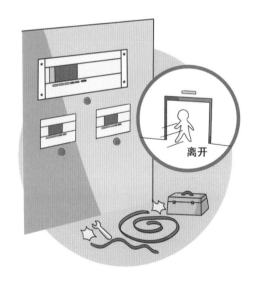

危险点 9

◆ 6.3.2 电能表校验

危险点 1

危险点 2

危险点 1

二次设备上工作时,着装不规范,造成误碰。

危险点 2

使用不合格的工器具,造成人身触电。

危险点 3

收放临时电源线时发生人员触电。

危险点 3

危险点 4

危险点 4

试验接线方法不正确，造成人员触电或烧毁仪器。

危险点 5

进行电能表虚负荷校验时，发生人员触电。

危险点 6

工作中误触相邻运行设备带电部位，造成人身触电。

危险点 5

危险点 6

危险点 7

不满足安全工作要求或危险点分析不准确，造成误碰。

危险点 8

实施二次安全措施的方法不合理，造成人身触电。

危险点 8

危险点 9

危险点 9

拆装接线时引起电流回路开路、电压回路短路，导致人身伤害或设备损坏。

危险点 10

工作结束后不仔细清理工作现场，造成事故隐患。

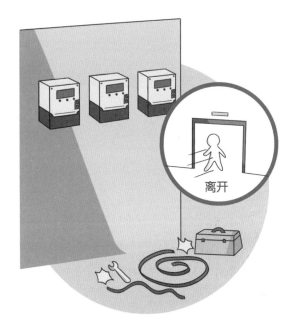

危险点 10

7

变电站内一次导流线上作业安全风险辨识

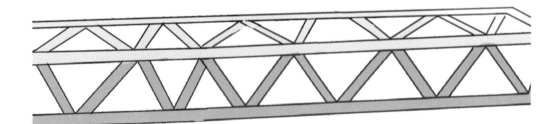

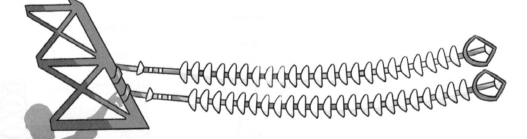

7.1   绝缘子串清扫及摇测作业现场风险辨识

运行设备

危险点 1

危险点 1

误入、误登带电运行单元龙门构架造成的触电事故。

危险点 2

高空作业未使用双保护导致发生高处坠落。

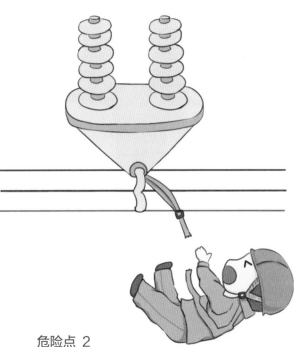

危险点 2

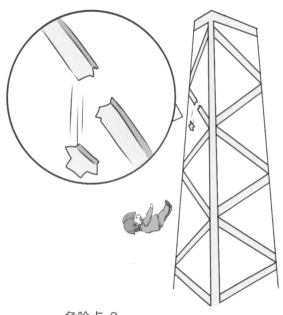

危险点 3

危险点 4

危险点 3

金具断裂导致检修人员或物品高空坠落。

危险点 4

清扫摇测作业过程中与带电设备安全距离不够发生感
应电伤人。

危险点 5

高空落物打伤下方人员及设备。

危险点 5

7.2 更换单片绝缘子作业现场风险辨识

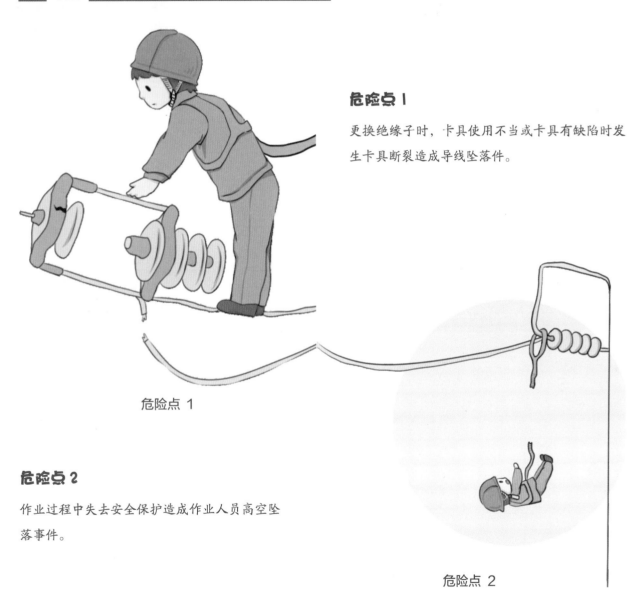

危险点 1

更换绝缘子时，卡具使用不当或卡具有缺陷时发生卡具断裂造成导线坠落件。

危险点 1

危险点 2

作业过程中失去安全保护造成作业人员高空坠落事件。

危险点 2

危险点 3

危险点 3

使用的工具和材料用品在上下传递过程中发生的高空落物事件。

危险点 4

危险点 4

工作人员作业时，高空落物打伤下方人员及设备。

7.3　220kV 带电更换整串耐张绝缘子作业现场风险辨识

危险点 1

在工作过程中，带电更换整串绝缘子所使用的受力拉杆和金具卡具在使用不当或使用的受力拉杆和金具卡具有缺陷时，发生的拉杆、卡具断裂而造成的导线落地事件。

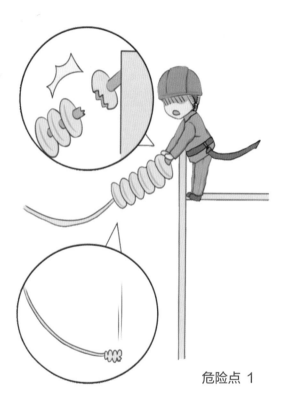

危险点 1

危险点 2

危险点 2

绝缘工具受潮和绝缘工具的绝缘性能下降造成闪络击穿事件。

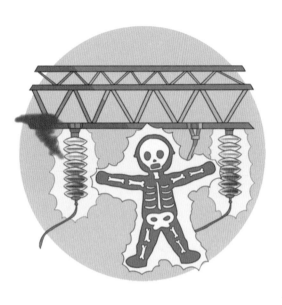

危险点 3

危险点 3

等电位作业人员进入电位工作时，在操作过程中，误短接带电绝缘子会导致绝缘击穿事故。

危险点 4

绞磨的起重吨位和型号选择、安装、使用不符合要求，有引起垮塌和伤人的风险。

危险点 5

轮组的吨位和型号的选择、安装、使用不符合要求时，有引起垮塌和伤人的风险。

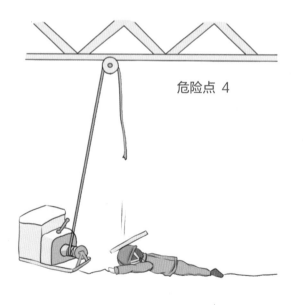

危险点 4

危险点 5

7.4　220kV 隔离开关至母线引线带电拆除及搭接作业现场风险辨识

危险点 I

在利用绝缘伸缩杆悬挂起吊作业工具时，绝缘伸缩杆老化断裂，有发生高空落物打伤下方人员和设备的风险。

危险点 1

危险点 2

危险点 2

等电位作业人员从作业工具上进入电位时发生高空坠落事故。

危险点 4

脱落

危险点 3

拆除或安装母线与隔离开关之间的引线时，未绑扎牢固，有发生导线脱落事故的风险。

危险点 4

拆除或安装母线与隔离开关之间的引线时未按检修方案实施，有发生相间短路事故的风险。

危险点 3

7.5 220kV 及 500kV 绝缘架空地线处缺作业现场风险辨识

危险点 1

接触、接近未经接地的绝缘架空地线，
导致人员触电。

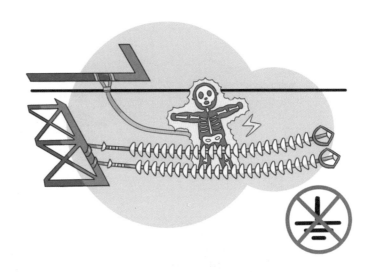

危险点 1

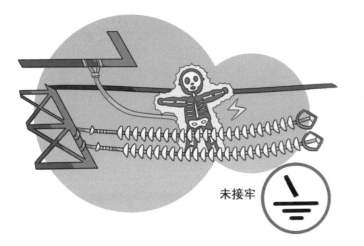

未接牢

危险点 2

危险点 2

接地线未接触牢靠，接触架空地线时触电。

7.6　220kV 及 500kV 龙门构架及导线上异物清除风险辨识

危险点

危险点

清除龙门构架或导线上异物时，未与带电导线保持足够的安全距离导致触电。

7.7 500kV 带电进入绝缘子串作业现场风险辨识

危险点 1

等电位带电作业人员上下软梯时未正确使用安全绳或救生索，有发生高空坠落事故的风险。

危险点 2

带电作业工具组装不正确，导致工具使用时出现垮塌和绝缘杆断裂的现象，从而造成作业人员人身伤亡事故的风险。

危险点 1

拼接错误

危险点 2

7.8 500kV 绝缘子整串带电更换作业现场风险辨识

危险点 1

危险点 1

在更换绝缘子作业过程中，卡具有缺陷或使用不当时会导致卡具断裂，有造成导线落地事故的风险。

危险点 2

等电位作业人员在作业过程中失去安全保护，从而造成的等电位作业人员高空坠落事故。

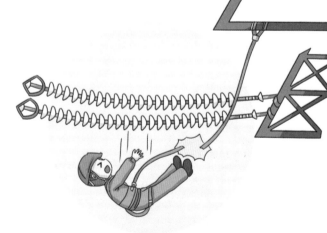

危险点 2

危险点 3

危险点 4

使用不合格的绝缘工具造成绝缘工具闪络击穿事故。

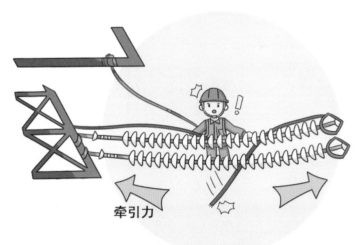

牵引力

危险点 5

危险点 3

绝缘子检测结论、数据不清而发生绝缘子击穿事故。

危险点 4

危险点 5

在工作过程中，由于500kV母线绝缘子串片数量多、重量大，母线跨度长，在更换绝缘子串时，因其所受到的外部牵引力大，对作业工具产生较大过牵引力。在带电更换整串绝缘子过程中，容易发生受力拉杆和金具卡具在使用不当或有缺陷时易发生拉杆、卡具断裂，造成导线落地事故。

8

继电保护工作
安全风险辨识

8.1 继电保护定期检验工作安全风险辨识

◆ 8.1.1 公共部分

危险点 1

危险点 1

工作前准备不充分，工作中出现混乱无序现象，导致"三误"（误碰、误接线、误整定）事故发生。

危险点 2

标准化作业工序卡空洞，不全面、不具体，造成安全措施不到位。

危险点 3

图纸资料准备不齐全、不熟悉，导致误拆、误接线。

危险点 2

危险点 3

危险点 4

危险点 4

开工前未认真进行"三交待"（交待危险点、工作内容、安全措施），导致误入带电、运行间隔，造成触电或运行设备误动。

危险点 5

工作中有走错间隔误碰运行设备的危险。

危险点 6

在定检工作中有误启动母差、失灵、安稳装置的危险。

危险点 5

危险点 6

危险点 7

危险点 8

危险点 7

在定检工作中，有交流电压回路反送电，误伤一次检修人员的危险。

危险点 8

在定检工作中，有电流回路开路引起人员伤亡及设备损坏的风险。

危险点 9

在定检工作中，试验接线方法不正确，通电加量时未通知屏后工作人员，有造成人员触电的风险。

危险点 9

危险点 10

危险点 10

工作中有直流回路短路、接地及人身触电的危险。

危险点 11

带电拔插微机保护，插件有静电感应、损坏集成芯片的危险。

危险点 12

校核定值时，不仔细核对定值单，有误整定的危险。

危险点 11

危险点 12

危险点 13

危险点 13

测量绝缘时未做好防护措施、未仔细核对所测量的端子号，有导致人身触电及损坏绝缘电阻表及被测设备的危险。

危险点 14

危险点 14

工作完毕后未紧固端子，有端子松动，从而造成保护误动拒动的危险。

◆ 8.1.2 线路保护定期检验

危险点 1

危险点 1

工作中有误碰带电的母线电压造成短路的危险。

危险点 2

工作中有保护通道未断开引起对侧开关误跳闸的危险。

危险点 3

工作中进行开关传动试验时有误伤断路器检修人员的危险。

怎么把对侧弄跳了！

危险点 2

砰

危险点 3

危险点 4

危险点 4

TA 二次回路绝缘测试时，有误碰运行 TA 二次绕组导致人身触电的危险。

危险点 5

在结合滤波器上工作，工作人员与带电设备之间低于安全距离，有感应电伤人的危险。

危险点 6

工作完毕恢复接线及安措时有漏接、错接的危险。

危险点 5

危险点 6

◆ 8.1.3 主变压器单元保护定期检验

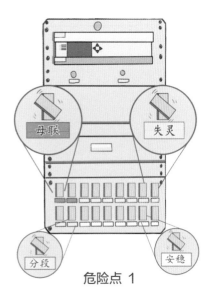

危险点 1

危险点 2

危险点 1

工作中误碰压板有误启动失灵、安稳及误跳母联、分段开关的危险。

危险点 2

保护屏通电试验时有跳三侧开关，造成机械伤人的危险。

危险点 3

在变压器、站用变压器本体上工作时，未正确使用安全带，有高空坠落的危险。

危险点 3

危险点 4

危险点 4

检查变压器、站用变压器本体信号时有造成交流混入直流回路引起运行开关误动的危险。

危险点 5

在 10/35kV 开关柜内工作时，误碰带电母排，有造成人身触电的危险。

危险点 6

在 10/35kV 开关柜内工作时，有不慎将工具落入端子排，从而造成短路弧光伤人的事故。

危险点 5

危险点 6

危险点 7

危险点 7

在电容器上工作，因电容器未放电，有造成人身触电的危险。

危险点 8

在站用变压器单元进行保护装置检验工作有误碰运行设备造成跳闸危险。

危险点 8

◆ 8.1.4 220kV 母线和失灵保护定期检验

危险点 1

危险点 2

危险点 1

电流互感器二次回路开路造成人身伤亡和设备损坏。

危险点 2

电流互感器二次回路失去接地点造成身触电及设备损害。

危险点 3

对 220kV 母线保护及失灵保护相关二次回路不清楚，可能造成不经压板控制的出口跳闸回路跳闸。

危险点 3

危险点 4

危险点 5

危险点 4

在保护屏后工作时，误碰跳闸端子可能跨过压板出口跳闸，造成停电事故。

危险点 5

工作中误碰运行 TV 端子可能造成 TV 二次回路短路。

危险点 6

保护校验过程中，误投出口压板可能引起运行线路跳闸。

危险点 6

危险点 7

危险点 7

用万用表测量出口压板电位翻转时，因万用表挡位使用错误造成出口跳闸。危险点 7 如图所示：错误将万用表的电阻挡位测量电压。

危险点 8

使用钳形电流表测量 TA 电流时有造成 TA 开路的危险。

危险点 8

◆　8.1.5 断路器保护定期检验

危险点 1

工作中误投出口压板，有误启动母差、
失灵、远跳回路的危险。

危险点 2

断路器防跳、三相不一致、重合闸试验
等造成断路器机构损坏危险。

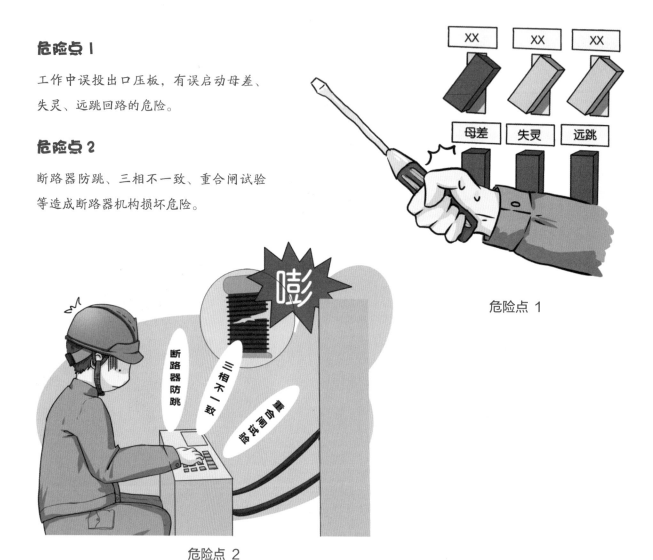

危险点 1

危险点 2

危险点 3

危险点 3

工作中有误碰带电的母线电压造成短路，导致设备跳闸的危险。

危险点 4

保护屏通电试验时有跳开关造成机械伤人的危险。

危险点 4

◆ 8.1.6 高频通道定期检验

危险点 1

危险点 1

现场工作中，未检查通道上所有设备，导致高频通道存在异常。

危险点 2

现场年检工作完成后，没有将通道恢复至运行状态，造成送电时无法交换信号。

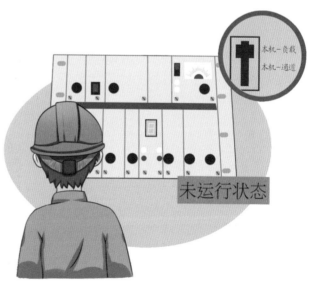

危险点 2

危险点 3

危险点 3

现场年检工作中，检验工作不当有烧毁高频收发信机的危险。在校验高频通道专用收发信机时，在没有断开远方启信的情况下，测量其收信参数，极易烧毁收发信机插件。

危险点 4

高频阻波器长期运行，缺少维护，在遇大型潮流变化时有烧毁的危险。

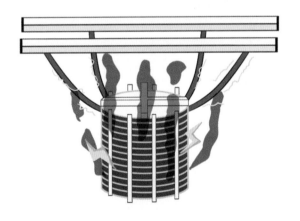

危险点 4

◆ 8.1.7 光纤通道定期检验

危险点 1

危险点 1

检查光纤通道时，用眼直视激光，有对人眼造成伤害的风险。

通道时钟

危险点 2

危险点 2

通道时钟设置错误，导致通道中断。通道对调时，有 A、B 通道交叉导致通道中断的风险。

◆ 8.1.8 安全稳定装置定期检验和系统联调

危险点 1

安稳装置年检工作中，误将其面板定值修改开关至"允许"位置，有导致定值误整定的危险。

危险点 2

安稳装置单机调试时，有误出口跳本站开关或误发切机切负荷令的危险。

安稳系统联调时，误出口跳本站开关或误发切机切负荷令，造成电网事故。

危险点 1

危险点 2

◆ 8.1.9 定值整定

危险点 1

定值更改时，因人为疏忽有造成保护定值误整定的危险。

危险点 2

对定值的含义理解不全面或理解错误，未及时与定整人员及厂家沟通反馈造成的误整定的危险。

危险点 3

因工作不全面、考虑不细致造成定值误整定。

危险点 4

因运行人员对保护装置不熟悉在操作过程中发生的误整定。

危险点 1

危险点 4

危险点 3

危险点 2

8.2 缺陷处理工作安全风险辨识

◆ 8.2.1 公共部分

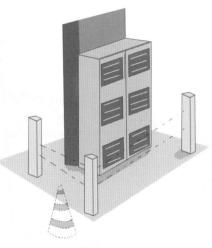

危险点 1

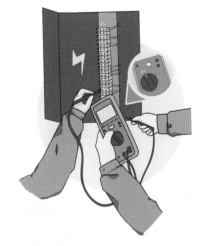

危险点 2

危险点 1

现场所做安全措施不满足安全工作要求，造成误碰或误动运行设备。

危险点 2

检查直流回路绝缘时，绝缘电阻表交流电串入直流回路造成设备损坏或保护误动。

危险点 3

绝缘电阻表输出误碰他人和自己，造成人身触电。

危险点 3

高压危险

安全距离

危险点 4

危险点 4

在室外工作时，未与带电设备保持足够安全距离导致感应电伤人。

危险点 5

危险点 5

在缺陷处理工作中，现场电缆沟盖板不牢固，跌落伤人。

◆ 8.2.2 直流接地缺陷

危险点 1

危险点 1

在直流电源屏工作时，误碰带电的直流母排、端子导致触电。

危险点 2

用直流检测装置（电流表钳头）检查直流电流时，由于误碰导致运行设备直流电源失电。

危险点 2

危险点 3

危险点 3

使用拉路法查找接地点时，误断不能断的电源，有导致设备停电的危险。

危险点 4

工作中，直流系统突然恢复造成触电。

危险点 5

查找直流接地时，因误碰或工具使用不当，造成触电或直流系统短路及两点接地。

危险点 4

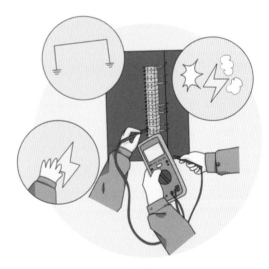

危险点 5

◆ 8.2.3 高频通道缺陷

危险点 1

危险点 2

危险点 1

更换结合滤波器时，有失去接地点导致高压触电的危险。

危险点 2

在高频通道结合滤波器及一次引下线（包括 TV 本体二次接线盒）工作，由于安全距离不够导致触电或感应电伤人。

危险点 3

在耦合电容器和 TV 本体二次接线盒工作时，未正确使用安全带和架梯导致高空坠落。

危险点 3

◆ 8.2.4 运行的 TA、TV 二次回路缺陷

危险点 1

危险点 2

危险点 1

电流互感器二次回路开路或失去接地点，造成人身伤亡和设备损坏。

危险点 2

电压互感器二次回路短路或失去接地点，造成人身伤亡和设备损坏。

危险点 3

拆接线时误动、误碰 TA、TV 其他二次运行绕组导致运行设备误动或损坏。

危险点 3

危险点 4

危险点 4

在 TA、TV 本体二次接线盒的工作，
安全距离不够导致触电或感应电伤人。

危险点 5

危险点 5

在 TA、TV 本体二次接线盒的工作，
安全措施不到位导致高空坠落。

◆ 8.2.5 控制回路断线

危险点 1

危险点 1

拆接线时误动、误碰跳、合闸回路导致运行设备误动或另一组控制回路断线。

危险点 2

在开关汇控柜内工作，有开关突然动作伤人的危险。

危险点 3

直流回路上工作时，未采取防护措施，造成人身触电。

危险点 2

危险点 3

◆ 8.2.6 220kV 母差保护闭锁

危险点 1

危险点 I

误动、误碰运行设备，有导致运行 TA 二次回路
开路、开关误动或其他保护闭锁的风险。

危险点 2

在刀闸汇控柜内工作时，刀闸突然动作导
致带电拉合刀闸，有人身触电及设备损坏的
风险。

危险点 2

8.3 改造及扩建工作安全风险辨识

◆ 8.3.1 公共部分

危险点 1

危险点 1

在前期准备查线过程中,误碰屏内接线导致接线松动、脱落,或者误碰运行端子,造成误动、拒动或直流接地、短路。

危险点 2

施工方案、作业指导书空洞,不全面、不具体,造成错误施工。

危险点 2

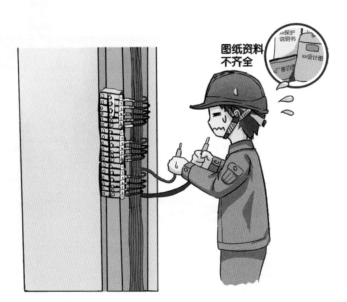

危险点 3

危险点 3

图纸资料不齐全，不熟悉，导致误拆、误接线。

危险点 4

外聘人员工作中不熟悉现场情况误入
带电间隔、误碰运行设备。

危险点 4

危险点 5

危险点 6

危险点 5

工作中重要环节的操作失去监护或不规范，造成误碰运行设备。

危险点 6

敷设电缆时未在电缆沟周围设置围栏及明显标识物，安全措施不到位，有盖板伤人及跌落电缆沟伤人的危险。

危险点 7

电缆敷设时，有误触带电部位造成群伤的危险。

危险点 7

危险点 8

危险点 8

拉动电缆时有误碰运行端子，造成运行设备异常运行的危险。

危险点 9

登高作业未做好保护措施，造成人员高空坠落或伤及他人。

危险点 10

登高作业有感应电伤人的危险。

危险点 9

危险点 10

危险点 11

危险点 12

危险点 11

一次设备进行吊装作业时有高空坠物伤人的危险。

危险点 12

一次设备传动时有误伤断路器、刀闸检修人员的风险。

危险点 13

传动一次设备时，有损坏一次设备及开关操作箱的风险。

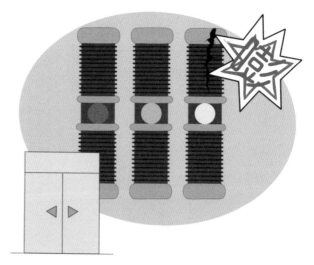

危险点 13

危险点 14

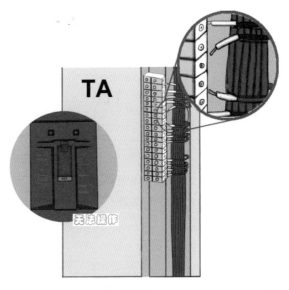

危险点 15

危险点 14

测量绝缘时有人身触电及损坏绝缘电阻表、被测设备，或造成运行设备误动的危险。

危险点 15

二次回路端子松动导致 TA 开路，开关及刀闸无法操作，位置指示不正确。

危险点 16

施工过程中，TA 多点接地会造成二次电流显示不正确甚至保护误动作，TA 不接地会危害人身安全。

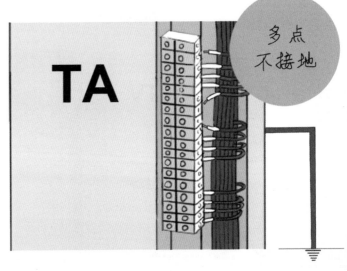

危险点 16

危险点 17

危险点 17

电流互感器二次回路开路，造成人身伤亡和设备损坏。

危险点 18

电压互感器二次回路短路或失去接地点，造成人身伤亡和设备损坏。

危险点 19

送电时，TA 极性有造成 TA 开路的危险。

危险点 18

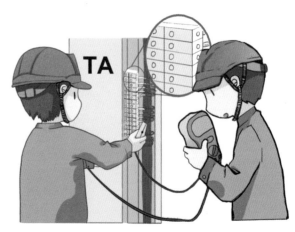

危险点 19

◆ 8.3.2 配合一次设备更换

危险点 1

危险点 1

二次回路拆除时误拆其他回路，误拆原有配线。

危险点 2

危险点 3

危险点 2

TA 二次拆线时安全措施不当，造成母线保护误动或误拆运行 TA 端子。

危险点 3

拆线前未记录好旧 TA 变比、极性及绕组特性或 TV 绕组特性，造成误接线。

危险点 4

危险点 5

危险点 4

在端子箱内拆线时没有做好与带电部分的隔离措施，造成 TV 短路或触电。

危险点 5

在母差、失灵回路上拆接线，有误动、误碰导致保护误动或闭锁的危险。

危险点 6

危险点 6

新更换的断路器与操作箱配合不当，造成断路器无法正确动作。

危险点 7

更换隔离开关或断路器后，保护、测控上电时交直流混接或第一、二套操作电源混接有造成保护不正确动作的风险。

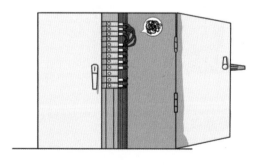

危险点 7

◆ 8.3.3 端子箱更换

危险点 1

危险点 2

危险点 1

拆接线时出现误拆、接线的危险。

危险点 2

拆接线时安措不到位，造成交直流接地、短路及人身触电。

危险点 3

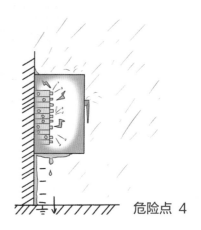

危险点 4

危险点 3

接地不满足要求，导致保护误动。

危险点 4

封堵不满足要求，导致端子箱内受潮，造成直流接地。

◆ 8.3.4 保护换型

危险点 1

危险点 2

危险点 1

由于接线不当，造成母差、失灵保护误动或交直流接地、短路、触电伤人。

危险点 2

安装或拆除屏顶小母线，有误触、误碰其他设备，造成运行设备异常或跳闸的危险。

危险点 3

危险点 3

在进行变压器、站用变压器本体非电量保护传动试验时有高空坠落的危险。

危险点 4

主变压器保护换型完成后用短接线短接端子验证非电量本体信号时，未仔细核对端子号，造成交直流混联、接地或短路。

危险点 4

危险点 5

危险点 5

调试仪器、工器具、材料不齐全，导致延误工期。

危险点 6

由于电缆沟内作业照明不足造成磕碰伤人及有害气体伤人的危险。

危险点 7

敷设电缆时，交、直流电缆未分层摆放，产生二次回路干扰导致保护误动。

危险点 6

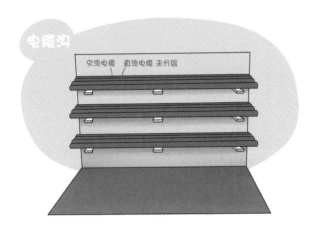

危险点 7

危险点 8

危险点 9

危险点 8

挖电缆沟时，有触电、伤人和挖伤、挖断运行电缆、光缆的危险。

危险点 9

工作现场转移电缆滚时，有电缆线滚倾倒伤人或损坏设备的危险。

危险点 10

保护屏及开关、刀闸汇控柜内作业产生高温或明火，不采取有效隔离措施，有造成运行设备损坏或误动。

危险点 10

8.3.5 综自化改造

危险点 1

危险点 1

拆线操作不正确，安全措施不到位，造成误拆、产生寄生回路或直流接地。

危险点 2

拆包装箱及安装时，有保护屏倾倒伤人的危险。

危险点 3

搬运保护屏时有碰撞运行设备的危险。

危险点 2　　　　　　　　　　危险点 3

危险点 4

钻头断裂伤人

绝缘胶皮老化

危险点 5

危险点 4

在运行的保护屏附近钻孔或进行任何产生振动的工作，有导致运行设备误动。

危险点 5

电动工具的绝缘胶皮老化有导致人身触电的风险；电动工具钻头断裂有机械伤人的危险。

危险点 6

安装保护屏柜或端子箱时，有设备突然倾倒伤人或损坏运行设备的危险。

危险点 6

危险点 7

危险点 7

装置通电调试时，未通知屏后工作人员，有危害设备及人身安全的风险。

危险点 8

监控五防系统调试时有误操作、损坏装置及一次设备的危险。

危险点 9

检查漏项或方法错误，导致误操作或损坏一次设备。

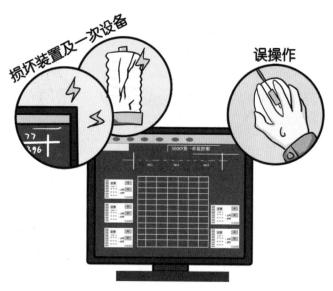

危险点 8

危险点 9

危险点 10

危险点 10

错误地修改了数据库后，因没有备份，从而无法恢复至修改前状态。

危险点 11

新旧两套监控系统并存，安措不到位或新旧后台系统更新不及时，发生误操作。

危险点 11

8.4 验收工作安全风险辨识

危险点 1

危险点 1

验收工作前准备不充分，验收项目不全，导致投运后设备缺陷和隐患的发生。

危险点 2

验收方案和指导书空洞，不全面、不具体，导致验收工作不到位。

危险点 3

图纸资料不熟悉、准备不齐全，导致验收工作不到位。

危险点 2

危险点 3

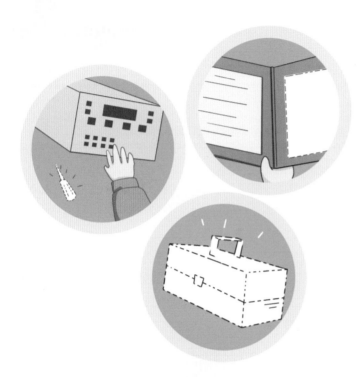

危险点 4

调试仪器、工器具、材料不齐全，导致延误工期。

危险点 4

危险点 5

图纸设计错误或不符合现场实际，导致保护误动、装置和回路缺陷或延误工期。

危险点 5

保持距离

危险点 6

危险点 6

一次设备传动时，未及时通知现场工作人员离开，有伤人的危险。

危险点 7

电缆沟及电缆竖井周围未设置围栏及标识牌，有导致跌落伤人的危险。

危险点 7

危险点 8

危险点 8

二次回路端子松动导致 TA 开路、开关及刀闸无法操作。

危险点 9

送电校 TA 极性时有造成 TA 开路的危险。

危险点 10

电压互感器二次回路短路或失去接地点有造成人身伤亡和设备损坏的危险。

危险点 9

接地铜板

危险点 10

标识不规范

标识不全

标识不正确

危险点 11

危险点 11

二次设备标识不规范、不正确或不全,当检修人员进行验收调试时有造成保护误动或拒动的风险。

危险点 12

装置、屏柜、通道及二次回路接地不规范,导致保护受到系统干扰时误动或拒动。

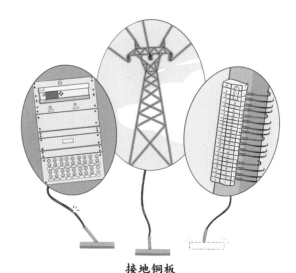

接地铜板

危险点 12

危险点 13

危险点 13

交直流接地、短路、混接时，有造成人身触电的风险。

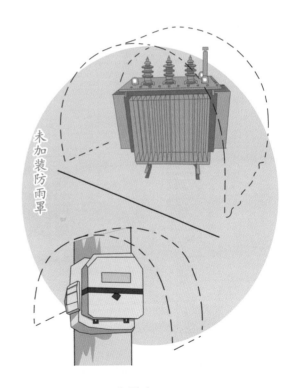

危险点 14

危险点 14

变压器、电抗器本体气体继电器未加装防雨罩，导致直流接地或瓦斯保护误动。

危险点 15

交直流回路各级熔断器的容量和选择性不匹配，造成熔断器拒断或越级跳闸。

危险点 15

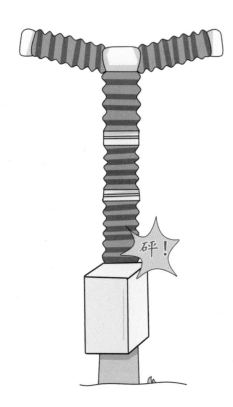

危险点 16

危险点 16

传动一次设备前，未检查一次设备状态，有损坏一次设备及操作箱的危险。

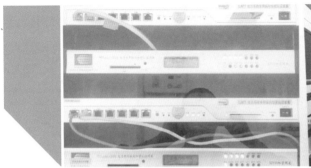

自动化设备
安全风险辨识

9.1 对全站设备对时安全风险辨识

危险点 1

危险点 1

全站设备有多个对时源，如同时开启会造成监控系统及保护装置时间不正常，影响其数据准确性，或影响监控系统定时存储功能，造成数据丢失。

危险点 2

监控系统1、2号操作员站时间不准，导致历史数据不同步，报表程序运行异常。

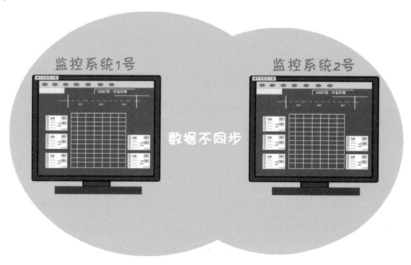

危险点 2

危险点 3

危险点 3

GPS 装置电路负载过大致使 GPS 主钟装置电源模块加速老化，不能正常运行。

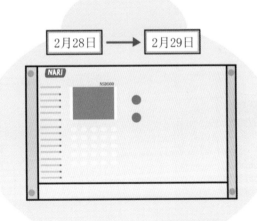

危险点 4

测控装置对时软件存在 BUG，对闰年的处理不够完善，造成监控系统 SOE 时间与实际不符。

危险点 4

9.2 微机监控系统日常维护安全风险辨识

危险点 1

危险点 1

工作中随意在监控系统计算机上接入移动存储，或者将未经安全确认的笔记本、计算机接入监控系统网络造成监控系统感染计算机病毒，计算机病毒可能造成监控系统计算机工作异常、监控系统程序崩溃、监控系统网络拥堵，以致信号不能上传等后果。

危险点 2

微机监控设备老化、版本过低，导致设备数据库运行异常，不能正常监控。

危险点 3

检修中随意性大，在施工中未做好相关记录，将计算机监控网 A、B 网线网卡端插反或未插致使该计算机无法接收监控信号，出现与全站监控系统设备通信中断等现象，且无法恢复。

危险点 2

危险点 3

危险点 4

修改数据库时可能操作失误导致数据库出错，导致监控系统不能正常运行。

危险点 5

修改数据库或图形时未同步，造成两台服务器参数不一致。

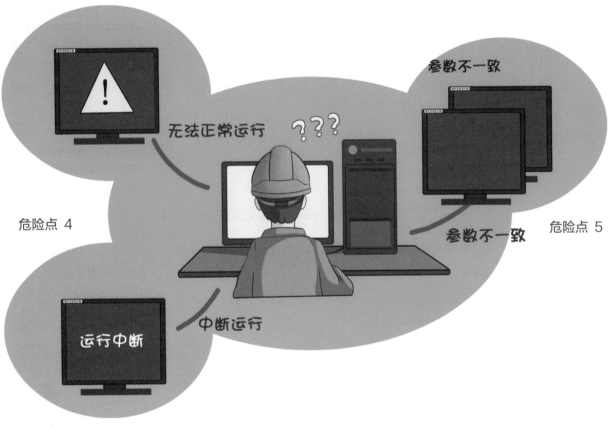

危险点 4

危险点 6

危险点 6

修改数据库或图形时，当运行人员无法进行控制操作或监控系统主机崩溃时，一旦无法切换至备机将造成监控系统中断运行。

危险点 7

危险点 7

在两个监控系统无数据库同步功能，且每台服务器均为独立运行的情况下，修改数据库或图形时不得在两台服务器上同时进行，以免造成运行人员无法进行控制操作或造成监控系统服务器同时中断运行。在修改量大时可将一台修改完成后的参数整体拷贝至另一台计算机，但有可能拷贝错误，致使两台服务器 IP 地址等参数一致导致冲突。

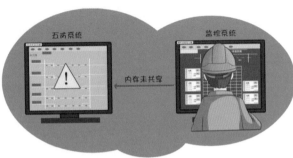

危险点 8

危险点 8

变电站监控系统与五防系统间采用内存共享方式，修改监控系统参数后应将修改后的数据同步到五防计算机上，否则五防系统检测到监控系统与五防系统的实时库不一致，从而造成五防数据错位或通信中断。

危险点 9

危险点 9

监控系统网络应满足国家电网二次安全防护要求，计算机网络直接跨区连接，会造成关键数据泄漏或黑客攻击。

危险点 10

接入新的设备或计算机时，IP 地址冲突，造成监控系统异常。

危险点 10

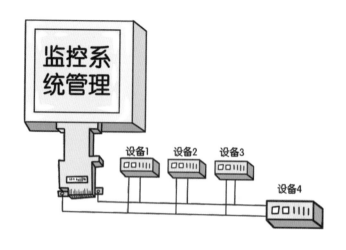

危险点 11

危险点 11

监控系统保护管理机通过 485 串口总线连接，当每条 485 总线上接入设备过多时，会造成信号堵塞。

危险点 12

设备接入 485 串口总线电平太高，将烧毁 485 串口，造成设备损伤及通信中断。

危险点 13

监控系统对控制输出有一定的保护闭锁措施，但不足以完全杜绝非正常情况下或非法数据引起的控制输出。

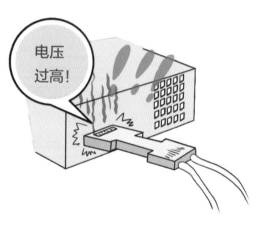

危险点 12

危险点 13

危险点 15

软件问题导致服务器故障。

危险点 16

硬件故障导致服务器死机退出运行，其中硬盘、主板、电源占大多数。

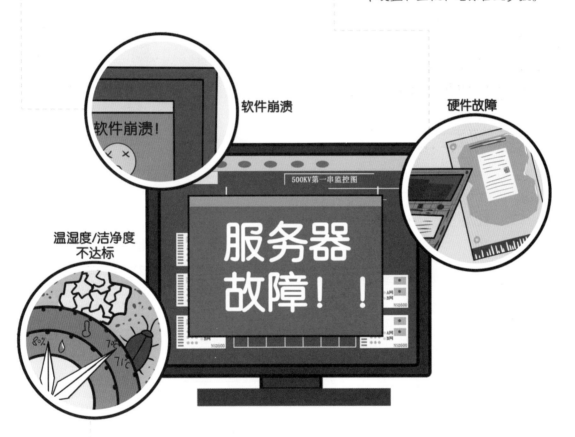

软件崩溃

硬件故障

温湿度/洁净度
不达标

危险点 14

监控服务器运行环境（温度、洁净度）不满足要求，导致服务器死机退出运行。

9.3 网络、测控装置安全风险辨识

危险点 1

危险点 2

危险点 I

网络交换机故障；网线断裂；网卡被禁用；网线脱落；IP 地址冲突，微机监控系统与其他装置通信中断，导致不能正常采集数据。

危险点 2

网线头制作不标准，导致网络时通时断，遥控返校失败。

危险点 3

监控网络 A、B 网互联引起网络堵塞，微机监控系统不能正常监控。

危险点 3

危险点 4

危险点 4

测控装置同期定值不正确，导致同期合闸失败。

危险点 5

遥信公共端接地，引起直流系统接地故障。

危险点 6

网络 IP 地址冲突，造成监控后台误报信号。

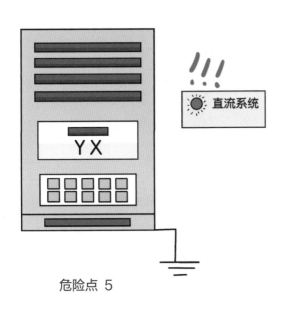

危险点 5

危险点 6

危险点 7

危险点 8

危险点 7

网线头弹片折断，引起网线松动，造成
通信中断。

危险点 8

测控装置五防逻辑编写不完善，导致间隔层误
闭锁或不闭锁。

危险点 9

危险点 10

危险点 10

在测控装置上传动信号，没有认真核对端子号，
误将遥控端子 (YK) 作为遥信端子 (YX) 进行传
动，造成运行设备误动。

危险点 9

投退测控屏压板，误碰金属连接片引起触电。

9.4 远动装置安全风险辨识

危险点 1

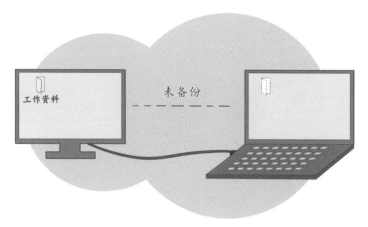

危险点 2

危险点 1

未经调度自动化部门允许就开始工作，导致变电站自动化数据异常，危害电网安全。

危险点 2

工作开始前未做备份，有数据丢失的风险。

危险点 3

在工作现场自行修改远动发送表，与调度远动数据不一致，危害电网安全。

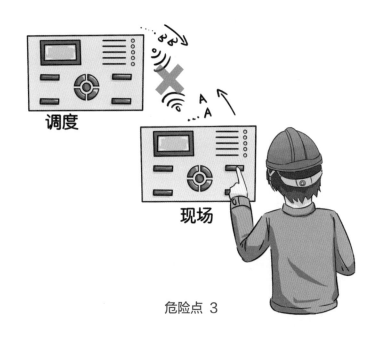

危险点 3

危险点 4

危险点 4

同时在两台远动机上工作，导致远动机无法
与调度正常通信。

危险点 5

误断电源，导致两台远动机同时停止运行。

危险点 6

工作中漏改发送表，导致部分调度远动数据
不正确。

危险点 5

危险点 6

危险点 7

工作完工后未向调度自动化部门报完工，影响该变电站运行指标。

危险点 8

因软件限制最大链接数，导致无法增加新的软件链接。

危险点 9

设备安装过程中，未做相应处理可能影响相邻屏设备的正常运行。

危险点 7

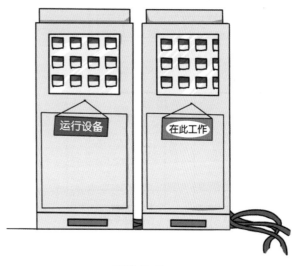

危险点 8

危险点 9

危险点 10

在直流屏和 UPS 屏引用电源时未查线，导致误断开运行设备电源。

危险点 11

不按正确顺序工作，可能造成两台远动机同时无法正常运行。

危险点 12

做远动机及远动通道切换试验失败，造成与各级调度远动通信中断。

危险点 10

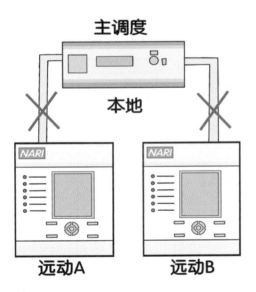

危险点 12

危险点 11

危险点 13

工作中还原的备份不是最近的备份，导致部分远动数据异常。

危险点 14

没有完工备份，无法技术归挡，不便于技术管理。

危险点 15

未做好隔离措施就开始工作，导致远动系统无法运行。

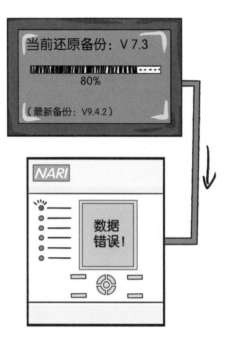

危险点 13

危险点 15

危险点 14

危险点 16

误修改发送表中参数，导致部分远动数据异常。

危险点 17

在进行远动通道自环试验时，误断开其他运行中的通道。

危险点 18

在进行远动网络链路检查时，误将网线插入未开通服务的网络端口，导致部门网络服务无法正常运行。

危险点 16

危险点 17

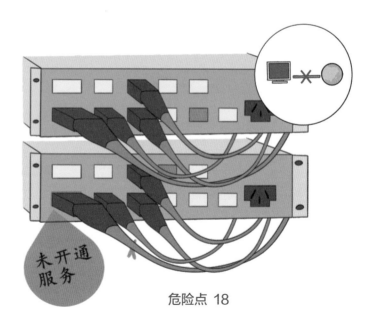

危险点 18

9.5 保护子站部分安全风险辨识

危险点 1

危险点 2

危险点 1

在工作现场自行修改保护发送点表，导致调度端保护主站数据错误。

危险点 2

误断开电源空开，导致运行设备掉电。

危险点 3

保护装置接入保护信息子站时未按正确分配的端口接入，导致子站与保护通信不稳定。

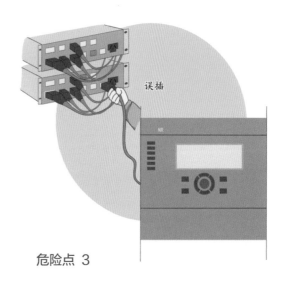

危险点 3

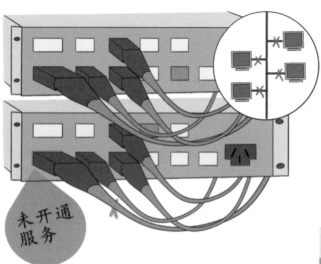

危险点 4

危险点 4

在进行保护信息子站网络链路检查时，误将网线插入未开通服务的网络端口，导致在此网络链路上的全部网络链接都中断。

危险点 5

保护信息子站装置故障直接影响到对调度保护信息主站信息传输时，未及时通报调度相关部门，有数据丢失的风险。

危险点 5

9.6 故障录波装置安全风险辨识

危险点 1

危险点 2

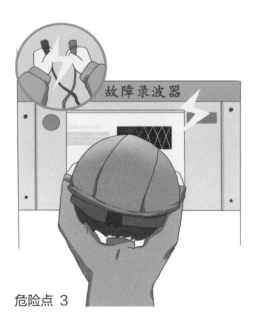

危险点 3

危险点 1

电流回路开路或失去接地点，易引起人员伤亡及保护设备失压误动或闭锁。

危险点 2

电压回路短路或接地，易引起人员伤亡及设备损坏。

危险点 3

录波装置内有交流电源及直流电源，工作时有交直流触电的危险，造成人身伤亡事故。

危险点 4

危险点 4

不熟悉设备情况，误动误碰运行设备，造成 TA 开路、TV 短路或直流接地的危险。

危险点 5

现场安全技术措施及图纸如有错误，可能造成做安全技术措施时误跳运行设备。

危险点 6

工作中有走错间隔误碰运行设备的危险。

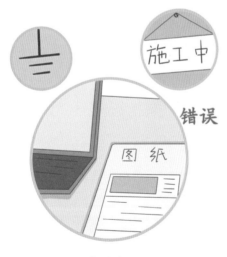

危险点 5

危险点 6

危险点 7

表计量程选择不当或用低内阻电压表测量电压回路，易造成误跳运行设备。

危险点 8

校核录波定值时误整定录波定值，有造成录波器不录波或频繁启动的风险。

危险点 9

检验设备过程中损害录波器元件，导致设备无法正常运行。

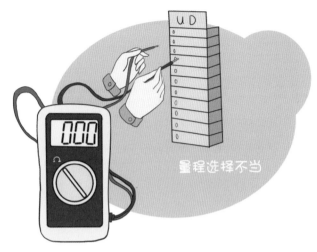

危险点 7

危险点 9

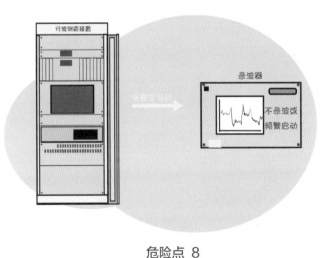

危险点 8

9.7 测距装置安全风险辨识

危险点 1

拆动二次接线如拆端子外侧接线，有可能造成二次交、直流电压回路短路或接地事故。

危险点 3

拆动二次回路接线时，易发生遗漏或误恢复事故。

危险点 4

拆除二次回路接线时，易发生短路或接地事故。

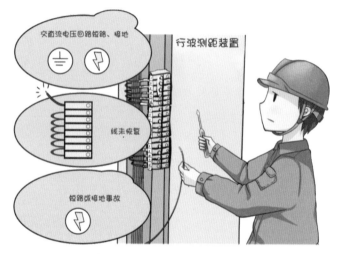

危险点 1、危险点 3、危险点 4

危险点 2

危险点 2

布置作业前，必须核对图纸，勘察现场，疏忽后易造成设备安装错误，不能满足运行要求。

危险点 5

检验设备过程中损害元件，导致设备
不能正常运行。

危险点 6

测距装置定值整定错误，导致双端测
距无法读出正确故障距离。

危险点 5

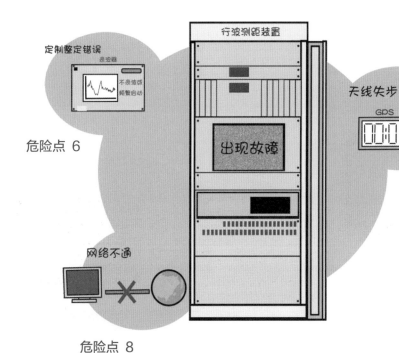

危险点 6

危险点 7

危险点 8

危险点 7

测距装置天线失步，导致
测距分析结果的准确性。

危险点 8

双端测距时网络不通，导致双端测距
无法读出正确故障距离。

9.8 微机五防装置安全风险辨识

危险点 1

危险点 1

误改微机五防装置数据库，五防逻辑不符合现场运行要求。

危险点 2

微机五防装置与微机监控系统数据库不同步，使微机五防装置不能正常运行。

危险点 3

微机五防装置与微机监控系统之间通信中断，微机五防装置不能正确显示一次设备运行状况。

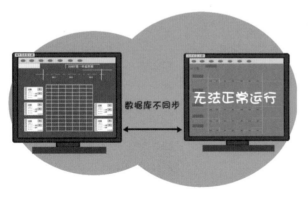

危险点 2

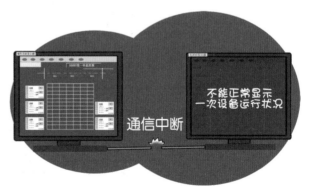

危险点 3

危险点 4

危险点 5

危险点 4

对于监控与五防非一体化设计的系统，微机五防装置内所有断路器和开关的位置均为虚遥信，并没有通过辅助接点或其他方式用电缆与模拟屏相连。微机五防闭锁装置在运行人员正式操作前（模拟操作之后）已将设备所处状态输入电脑钥匙，如果设备二次回路存在缺陷（如合闸回路接点粘连、监控回路中开关接点自保持等），则在操作过程中设备状况可能会发生变化，微机五防装置与现场设备的位置不一致此时闭锁装置将不能有效防止误操作。

危险点 5

微机五防闭锁装置中对于锁具是否完好、是否将被操作设备有效闭锁没有自检功能，导致闭锁销子未完全复位或锁具失灵等问题不能被及时发现。

危险点 6

危险点 6

发生微机五防程序执行不下去时盲目解锁，误动运行设备。

危险点 7

对开关、刀闸等设备进行对位验收不全面，导致与变电站电气设备的实际状态不一致，误控运行设备。

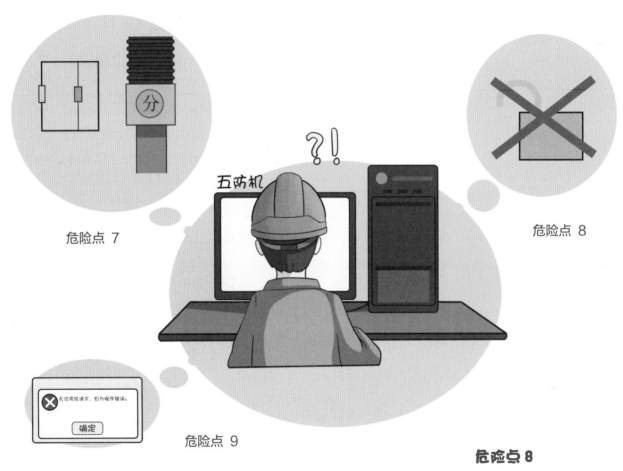

危险点 7

危险点 9

危险点 8

危险点 9

微机五防装置逻辑闭锁程序错误，易造成误操作。

危险点 8

对锁具编码进行检验不彻底，不能正常解锁设备。